I0474250

Il libro di pietra filosofale

Alchimia

STEVEN SCHOOL

ISBN: 1540352684
ISBN-13: 9781540352682

DEDIZIONE

QUESTO LAVORO SCRITTO È DEDICATO ALLA GENERAZIONE MODERNA DI MENTI CURIOSE ED È INFLUENZATO DALLA MANO DEL TEMPO. È UN TRATTO ALCHEMICO SUL GRANDE LAVORO DEL SOLE E LUNA O LA SEPARAZIONE E CONGIUNZIONE DELLA STESSA IN DEBITA PROPORZIONE COME È FATTO SECONDO NATURA.

CONTENUTO

RICONOSCIMENTI

COME IL GRANDE E VENERABILE PADRE
DELLE LUCI CI HA DETTO NELLE TAVOLE
SMERALDINE, HA LA SUA NASCITA SULLA
TERRA, IL VENTO (ACQUA) HA PORTATO NEL
SUO VENTRE, LA SUA FORZA DOTH
ACQUISIRE NEL FUOCO E DA QUESTO
L'UNICA COSA, SONO TUTTE COSE DI
ADATTAMENTO.

SALE ALLA CROCE.
S.A.S. 2016.

WWW.HOWTOMAKETHEPHILOSOPHERSSTON
E.COM

1 INTRODUZIONE

Nel mondo antico dell'alchimia c'erano due tipi di persone, coloro che conoscevano i segreti dell'arte e quelli che non hanno. Queste due classi di persone sono stati descritti nella Bibbia come l'ignorante e il saggio e questo era anche simboleggiato dal risveglio di Adamo ed Eva quando hanno consumato il frutto proibito dell'albero della conoscenza del bene e del male. È stato scritto che i pastori tendono a loro greggi di pecore, essendo quelli che sono vietati a partecipare di tale conoscenza segreta al fine di mantenere la separazione delle classi per se tutti fossero uguali, allora non ci sarebbe nessun re o regine a governare il mondo più basso. Nel corso della storia ci sono stati incontri segreti delle società segrete, segnata da simbolismo che si trova dappertutto. Una tazza di segreto, un segreto drink, fratello di bere e dal vivo è stato il motto di quei iniziati. Gesù nell'ultima cena, che sostiene una tazza di legno, il Santo Graal per tutti da vedere, ma comprensibile solo per il saggio. Pochi eletti o quei illuminati. L'antica scienza coperto un grande molti argomenti come medicina, scienza, metallurgia, matematica, astrologia, astronomia e altro ancora. Ermete Trismegisto è stato chiamato il padre della scienza ed è stato accreditato con l'essere una figura chiave nell'ulteriore sviluppo dell'arte ermetica. Gli antichi egizi utilizzato l'ankh come loro simbolo per la vita eterna, perché credevano che l'uomo era destinato a vivere per sempre in perfetta salute senza malattia o morte. Questa teoria è segnata dall'albero della vita che di sta scritto nella Bibbia. Ci sono alcuni che credono che la possente quercia possa vivere per migliaia di anni e inoltre che, poiché Dio ha creato tutte le cose uguale a crescere e a moltiplicarsi in come specie, che quindi dovrebbe anche essere con noi e con tutte le altre cose tra cui i metalli e le pietre. Eterna vita segnata dall'albero della vita e simboleggiato da un segreto chiamato Giardino Eden per il prescelto pochi che ha trovato il senso o siano stati altrimenti avviata, quei illuminati che camminano sulla terra come

"Dèi" considerando essi stessi ad essere più appena i mortali semplicemente perché possiedono la conoscenza che è stata trattenuta da altri per migliaia di anni. Gesù diceva di essere stato un falegname, e la maggior parte tutti sanno che lavorano con il legno. Si diceva anche percorsero la terra miracolosamente guarisce i malati con una quantità di polvere colorata biancastra. Il processo alchemico primitivo ha cominciato con una semplice formula di fuoco e acqua di agire sulla materia. Questo è stato anche visto quando varie tribù indiane costruito canoe in cui vuoi selezionare un albero caduto e usare il fuoco per scavare guardare prima e dissetante con acqua. Avrebbero poi raschiare la parte carbonizzato e ripetere questo lavoro fino a quando la canoa è stato sagomato e pronto all'uso. L'hanno trovato molto più facile per tagliare il legno con il fuoco che con gli strumenti di mano di un operaio comune e si tratta di alchimia, l'antica formula di fuoco e acqua. Questi sono punti interessanti da prendere in considerazione mentre progrediamo in tutto il resto di questo libro.

Steven School. 2016.

2 ANTICHE MEDICINE

L'albero della vita.

Antichi alchimisti credevano che malattie e infermità del corpo erano solo un effetto collaterale o un sintomo di uno squilibrio del ph individui, mentre problemi che coinvolgono la mente sono stati associati con ammoniaca nel cervello o nel flusso sanguigno. Hanno anche creduto in una medicina, una medicina universale che neutralizzano l'acido o anche ammoniaca e riportarci a un equilibrio di ph alcalino in modo che il corpo può guarire o riparare se stesso tramite la generazione di nuove cellule. Questa "medicina" è stato detto per causare un rafforzamento degli arti (ossa) ed è stato anche detto di essere conosciuto dal fatto che essa provoca piante a fiorire. Essi credevano che forse non eravamo mai pensata per appassire e morire ma invece per continuare a crescere come la possente quercia, qui nel giardino che è stato costruito per noi. Nel corso degli anni ho sentito storie di esperienze di morte che comprendeva brillanti luci bianche e racconti di gloria e splendore. Ho una notizia, quando ero un bambino di circa cinque o sei anni, che mia nonna mi ha portato su un viaggio di strada a Tehachapi perché voleva guardare Terrenos nella speranza di costruire la sua casa da sogno per il suo pensionamento. Per farla breve mi metterò subito al punto della questione. Come ha incontrato con il personale di vendita mi ha lasciato al campo da giuoco che aveva uno di quei pattini di metallo alti tipici in anticipo alla metà degli anni diciannove settanta. Un bambino di età superiore mi ha buttato fuori la diapositiva e sono atterrato sulla mia schiena sulla sabbia, mi ha colpito la parte posteriore della mia testa il calcestruzzo piè di pagina per uno dei profilati verticali. Il mondo ha cominciato a girare e poi tutto sbiadito al nero. Mi sono svegliato tre giorni più tardi in ospedale e mia nonna era seduto accanto al mio letto. Ha detto che avevo avuto una commozione cerebrale da sbattere la testa sul cemento, ma quando sono atterrato sulla schiena il mio cuore si era fermato. Lei mi ha detto che dal momento che i paramedici arrivati mio cuore non batteva, ho non avuto nessun impulso, anche non stavo respirando.   Ero completamente insensibile e lei hanno informato che ero morto. Mia nonna era isterica, hanno provato tutto quello che potevano, e sono riusciti a fare qualcosa di buono che sembra perché ha fatto svegliare tre giorni più tardi. Sono passati molti anni e ho ripensato a quel tempo, ricordando ciò che era accaduto. Ho anche cominciato a descrivere gli eventi agli altri ogni volta che ho sentito persone che parlano le persone in TV che descrive l'aldilà, o vicino a esperienze di morte e così via. Secondo quello che ho passato la mia comprensione è che sono stato da altra parte e tornare indietro. Quello che ho visto era niente, la nerezza, il vuoto, una completa mancanza di esistenza. Quel tempo è andato, c'era niente che mi ha portato alla realizzazione che se vogliamo trovare la vita eterna che è promesso a noi nella Bibbia che deve venire prima della morte e non dopo allora la morte è l'opposto della vita. Tutto ciò che abbiamo nella morte, è esattamente l'opposto di quello che avevamo in vita, yin e yang, bianco e nero, luce e oscurità. Il sonno eterno della morte, o il dono della vita eterna. Gli alchimisti si interessò la quercia possente dorata. Per la sua forza, la sua longevità e sua continua crescita. L'albero di quercia d'oro, il soma d'oro. Una mattina mi svegliai e preparati per andare a lavorare, ho notato qualcosa di diverso in questo giorno, le mie ginocchia male e si sono sentiti come osso contro osso. I giunti non hanno voglia di lavorare correttamente e ho potuto ascoltare cliccando rumori quando ho cercato di ottenere su o giù che era anche abbastanza difficile. Questo era venuto rapidamente ed è stato inaspettato. Ho iniziato a preoccuparmi, avrebbe paralizzato? Sarebbe in grado di funzionare e di prendermi cura di me? Questo mi ha spinto a ricercare la questione online e la prima cosa che ho trovato durante una ricerca su internet che ha attirato la mia attenzione è che le articolazioni doloranti e soprattutto le ginocchia è un segno di un fegato non funzionano correttamente. Sapevo che quando sono nata mio corpo creato ciò che è necessario, ossa, cartilagine, organi vitali, materia cerebrale, ecc. Ho subito capito che quando il mio fegato non funzionava correttamente, ha interrotto la capacità del mio corpo di rigenerarsi e di riparare se stesso come la natura aveva previsto. La mia ricerca ha indicato che il fegato potrebbe presumibilmente rigenerare nuove cellule per riparare se stesso in un periodo di tre mesi. Ho messo giù le bevande alcoliche, ho bevuto acqua ghiacciata con fettine di limone fresco. Sono andato a due diversi vitamina memorizza per ottenere i supplementi, nonché ordinare alcuni online che non hanno. Ho iniziato con le pillole di cardo selvatico di latte che avrebbero dovuto per essere buono per il mio fegato, ho anche scelto pillole di cartilagine di squalo, capsule di olio di pesce e tisana Echinacea. Ho iniziato a guidare la mia bicicletta ancora pure. Prima un giro intorno al blocco, poi due, poi tre... Le mie ginocchia sentono bene ora. Sentito parlare di altri che hanno scelto la chirurgia invece che può lasciare il tessuto cicatriziale. Riposto la mia fiducia in madre natura prima e non mi ha deluso. La morale della storia è questa, io ipotizzare che il mio corpo è destinato a guarire se stesso! Le mie ginocchia artritiche era solo un effetto collaterale di un problema di fondo! Ho quasi dimenticato di citare uno degli integratori che ho comprato ed è uno dei miei calcio massima preferiti, corallo che si dice per aiutare ossigenare il corpo oltre ad essere una grande fonte di calcio a mio parere. Ossigeno... il respiro di Dio! Quando considero racconti biblici di persone presumibilmente vivente per mille anni o più contemplo il fatto che sia l'aria e la qualità dell'acqua doveva essere molto meglio nel loro tempo. Nessun migliaia di automobili bloccato nel traffico rush hour bruciando mio prezioso ossigeno, senza fluoro e controllo delle nascite letteralmente pompato ai miei rubinetti. E poi c'è le scritture bibliche che indicano a noi non mangiare pane lievitato, significa lievito lievito che è un organismo vivente che si nutre di zucchero per creare alcool. Ho Crediamo che la Bibbia è ragione di non volere questo nel nostro corpo. Si dice anche di non mangiare Togliea suina ungulati, microrganismi?, parassiti?, vermi? Mi piacerebbe anche parlare di qualcosa che ho scoperto recentemente, pomodori e patate sono un membro della famiglia del nightshade di piante. Nightshade è velenoso. Le patate e i pomodori tuttavia sono solo molto lievemente tossici, ma per questo motivo molti guaritori naturali consigliano di non mangiarli, non più patatine fritte con ketchup, purè di patate, insalata di patate, ecc. Ho sviluppato le vene varicose in modo anomalo nella parte di vita di questo sono certo è dovuto ricevere un'ustione di terzo grado, ma non tutto. Sono stato un accanito bevitore di caffè per molti, molti anni. Io posso bere mattina, mezzogiorno, sera o anche di notte. Un bricco di caffè è sufficiente per me al momento della colazione. Ho deciso di smettere di bere si ma dopo sei ore la mia mente e il corpo detto amico, all'inferno no! Mi sentivo come il mio cervello aveva ristretto, a quanto pare ora è una spugna per la caffeina. Dopo tutto di questi molti anni di oltre indulgere si sta rivelando un'abitudine difficile da interrompere. La mia ricerca indica che i vasi sanguigni non sono resilienti, non credo che abbiano alcuna elasticità a loro, che dire che se sono allungati, non restituiscono al loro originale forma o dimensione. Il caffè contiene caffeina che ottiene il velocità completa avanti amico, ma cosa succede quando l'effetto svanisce di pompaggio del sangue? Sono miei vasi sanguigni lasciati sciolti e allungato fuori?, io la penso così. Se questa ipotesi è corretta quindi esso non influenzerebbe negativamente il mio sistema cardiovascolare? Almeno la caffeina sta pompando il mio integratori di calcio di corallo in tutto il mio corpo. Essendo che sono attualmente single mangio principalmente microwaveable preconfezionato roba congelata. Questo è venuto alla mia attenzione, perché continuo a ricevere piccole escrescenze sulla parte posteriore della mia testa. Il cancro viene a mente e per qualche motivo che il mio istinto mi dice di considerare il forno a microonde. Ora, torniamo alla medicina antica. Così gli alchimisti da molto tempo fa si diceva hanno creduto in una medicina universale, un elisir d'oro, un d'oro soma. L'albero della vita biblico mi viene in mente qui, dov'è questa cosa?, che cosa è questa cosa? Cerchiamo di iniziare con la prima parola della sua descrizione, albero. Come uno schiaffo in faccia potrebbe essere così semplice? Gli antichi saggi ha scritto sulla loro ramo d'oro o loro ramo d'oro, come pure un soma d'oro o un elisir dorato. In loro enigmi amavano ballare intorno e suggerimento presso la quercia. Uno in particolare nella mia mente, l'albero di quercia d'oro. Scavato ceneri dal mio camino, (rovere cenere), messi a terra su polvere e cotto loro usando una casseruola nel mio forno. Il mio intento era quello di purificare le ceneri in calore bruciando via le impurità del combustibile. Ho inserito la questione raffreddata in mia caffettiera con pochi filtri impilati e preparato proprio come il caffè. L'acqua che ha riempito il piatto era di un colore dorato, evaporato alcuni dei di secchezza ed è stato lasciato con una polvere bianca. Il sale alcalino di cloruro di potassio è un argomento interessante quando abbiamo approfondire le Scritture che l'attendeva in questa sezione. Gli antichi alchimisti avvertito che troppo (consumo eccessivo) di loro segreto "Elisir" sarebbe fuoco il corpo e lo spirito di scarico. Mia ipotesi personale è che troppo potassio probabilmente potrebbe causare un attacco di cuore. Ho notato che quando io cospargere ceneri nel mio giardino sembra essere il miglior cibo di pianta che io abbia mai visto, che provoca la vegetazione nel mio cortile per fiorire, lussureggiante e verde. Ho cospargere intorno ceneri di legno e quindi attendere che madre natura portare la pioggia. L'acqua piovana e ceneri causando le mie piante a fiorire. Duemila anni fa nel primo secolo Plinio il vecchio scrisse la Historia Naturalis che credo significa storia naturale. Duemila anni ci porta lontano nelle profondità dell'alchimia. Che posto fantastico a scavare per approfondimenti l'antica scienza! Le Scritture naturalmente sono apparentemente infinita ma ha reso un vero gioiello. In quei tempi, Pliny ha suggerito che si potrebbe permettere tuo focolare essere tuo petto di medicina. Un focolare è un camino e cosa contiene ma ceneri di legno? Gli archeologi hanno scoperto ossa vecchie di gladiatore di epoca romana. Studiando i resti per determinare che cosa potrebbe essere stato la loro dieta, è stato determinato che hanno bevuto una bevanda medicinale delle ceneri dal fuoco pit mescolato con acqua. Credo che questo è anche ad alto contenuto di stronzio. Rapporti indicano che questa bevanda ha aiutato accelerare il recupero da ferite e le loro ossa sono state anche riferite di essere stato più forte o più densa rispetto a quelli di persone normali del tempo. Ricordo che Gesù camminava presumibilmente la terra guarisce i malati, si diceva di essere stato un falegname e lavorano con il legno. Alcune persone credono che egli aveva un sacchetto di polvere bianca che ha aggiunto all'acqua, (trasformò l'acqua in vino). Ho sentito alcuni pareri che il Santo Graal è la Coppa di Gesù, e che è stato presumibilmente in legno. Credo che, nell'immagine dell'ultima cena, egli può essere tenuta tale una tazza per il mondo a vedere. Legno, fuoco e acqua, un drink, una medicina, alchimia. Forse un segreto significato solo per coloro che hanno occhi per vedere? Diamo un'occhiata a quello che Mosè ha da dire, non doveva aver vissuto per circa 986 anni o giù di lì?

ESODO 32:20 ENGLISH STANDARD VERSION.

Ha preso il vitello che avevano fatto e bruciato con il fuoco e terra e polvere e si sparse sull'acqua e fatto il popolo di Israele a berlo.
Credo che molto tempo fa, in epoca dimenticata prima dei video giochi sono stati inventati, che alcune persone utilizzato per scolpire figurine in legno.

Il sale del mondo?, il sale della terra?.

Matthew 5:13King James Version (KJV)
13 voi siete il sale della terra: ma se il sale ha perso il suo sapore, con cui deve esso essere salato? da allora in poi è buono a nulla, ma ad essere gettato via e ad essere calpestato dagli uomini.

John 4:13-14 King James Version (KJV)

13 Gesù rispose e disse lei, chiunque beve di quest'acqua avrà sete di nuovo:

14 ma chi beve dell'acqua che io gli darò non avrà mai sete; ma l'acqua che io gli darò diventerà in lui una fonte d'acqua saliente in vita eterna.

Mi piacerebbe parlare ora il mio parere sull'albero della conoscenza del bene e del male. Quell'albero da cui Adamo ed Eva erano dice hanno mangiato il frutto proibito. Proibito, proscritto, vietate, illegale, perseguitato, perseguito, espulsi dal giardino bambino, giù le mani.

Genesis 2:16-17 King James Version (KJV)

16 e il SIGNORE Dio comandò all'uomo, dicendo: di ogni albero del giardino tu puoi mangiare liberamente:

17 ma dell'albero della conoscenza del bene e del male, non mangerai di esso: nel giorno in cui tu mangerai, morrai certamente.

Ho intenzione di condividere la mia comprensione di questa materia in termini semplici, la Cannabis non è una pianta, è un albero. Ho visto gli alberi grandi e alti e con la corteccia su di loro. Quale pianta cresce diciotto o più piedi di altezza con corteccia spessa su di esso? Un albero. I ricercatori sono ora teorizzare che la cannabis provoca neurogenesi che è la capacità del corpo di riparare il proprio cervello danneggiato dalla crescita di nuove cellule. Mi ricorda il mio fegato e le mie ginocchia che abbiamo trattato in precedenza. Consumo del "frutto proibito" sembra stimolare il pensiero profondo e profondo. Ci sono alcune persone là fuori che ipotizzano che questo materiale può avere qualità verso cose come cancro curative. È stato inoltre dice che questa sostanza potrebbe avere la capacità di riparare danni al cervello causati dal consumo eccessivo di alcol. Facci diventare ora, il prossimo argomento che vorrei coprire.

Nel corso della storia l'aceto è stato utilizzato come tonico medicinale spesso infuso con tali cose come le erbe, spezie, oli essenziali, aglio, cipolla, curcuma o una grande varietà di altre cose. Esso è stato utilizzato topicamente così come internamente. Io bevo una quantità molto piccola di tanto in tanto diluita in acqua ghiacciata, anche a volte uso un po ' di aceto di sidro di mele topicamente sulla mia psoriasi. Un altro rimedio a casa che ho provato è un po ' di bicarbonato di sodio in un bicchiere d'acqua. Io ipotizzare che potrebbe essere alcalinizzanti o forse bilanciamento del PH. Suppongo inoltre che può neutralizzare ammoniaca nel sangue che ovviamente è solo miei pensieri o parere e non costituisca consulenza di qualsiasi tipo.

Greci antichi professionisti di medicina come Ippocrate (400 A.C.) si diceva hanno mescolato aceto di sidro di mele con miele come un medicamento per una varietà di disturbi. Aceto è stato utilizzato anche presumibilmente intorno al 218 A.C. a sgretolarsi grandi massi. Un incendio è stato costruito contro le grandi rocce per farli molto caldo e quindi l'aceto è stato versato su causando i massi di crack. Acqua e fuoco, alchimia al lavoro, mi auguro che indossavano i loro occhiali di sicurezza. Credo che abbiamo coperto Cleopatra perle in aceto nella sezione sulle pietre della gemma alchemica di dissoluzione. Ci sono state voci che l'aceto può essere utile per la riduzione o l'eliminazione dei microrganismi. Durante il tempo di Gesù aceto era chiamato anche il vino che può essere visto nella Bibbia, e questo è interessante perché può aiutare a capire certi versetti da quel libro. Durante il Medioevo l'aceto è stato infuso con aglio e consumato come bevanda medicinale per scongiurare la peste. Nei tempi moderni si tratta presumibilmente di aceto dei quattro ladroni. Aceto è stato utilizzato in passato come antisettico per pulire e disinfettare le ferite. Gli alchimisti europei del Medioevo sono anche noti per avere usato l'aceto nelle loro opere alchemiche per quanto riguarda la pietra filosofale.

Come un albero cresce solubile minerali e nutrienti sono trasportate fino in esso dall'azione dell'acqua dove teoricamente diventare bloccati all'interno del legno. Gli alchimisti credevano che questi mattoni della natura potrebbe essere rilasciati e separati attraverso l'azione di fuoco e acqua. Da nerezza viene bianchezza, la colomba bianca.

3 IL FUOCO SEGRETO

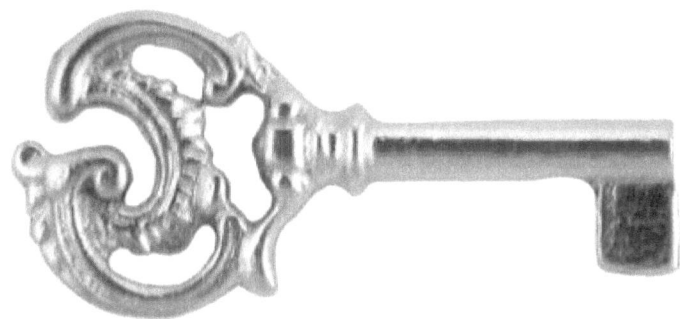

Nella ricerca della storia dell'alchimia si tende a venire attraverso riferimenti a un'acqua segreta che riteneva fosse necessaria al fine di eseguire o condurre il grande lavoro del magnum opus. Questa sostanza è stata dice per contenere ciò che gli alchimisti chiamato il fuoco segreto. Negli scritti di Theophrastus Paracelsus ha suggerito che questa acqua è stata venduta da farmacisti del suo tempo. John Pontanus ha scritto che non era riuscito più di duecento tentativi alla creazione della sua pietra, fino a quando ha letto le opere alchemiche di Artephius che ha accreditato per avergli dato la corretta comprensione della questione. Così che cosa è questa acqua apparentemente sfuggente?
Dagli scritti di Artephius, ARGENT VIVE.

Gli alchimisti amavano di comunicare attraverso il simbolismo, codici segreti e anagrammi come argent vive. Semplicemente riordinare le lettere per rivelare il segreto... VINEGARET. Aceto nella terminologia moderna.

Nella lettera di Nicholas Flamels a suo nipote ha citato i suoi consigli su questo argomento, (sapere con quale agente il "mercurio" deve essere fortificato con o sarà come acqua comune).

Aceto bianco è principalmente l'acqua distillato con una piccola quantità di acido acetico. L'acido acetico è il "fuoco segreto" contenuto nell'acqua che è stato richiesto al fine di eseguire il magnum opus alchemico. In epoca moderna questo è chiamato semplicemente il percorso di metallo acetato.

La chiave segreta che sblocca i metalli.

4 LA PIETRA FILOSOFALE

Il termine pietra filosofale suona per la maggior parte delle persone come se deduce un segreto e mistico pietra, mentre ancora altri ancora credono che forse era anche mitico in natura. Inizieremo questa sezione con un'illuminazione di quella che fu la "pietra". L'alchimia è uno studio e/o replica della natura. Il metodo semplice e antico del fuoco e dell'acqua che agisce sulla materia. Gli alchimisti sapevano tre aree di base di lavoro, la pianta, animale e minerali regni. Farmaci per i mammiferi si sono detti per essere trovato nei primi due regni mentre tinture per minerali come metalli e pietre preziose sono state credute per essere trovati in quest'ultimo. Il metodo di lavoro nel Regno minerale è stato chiamato in tempi il percorso di acetato metallo moderni. Minerali metallici erano lavorati dagli antichi saggi con aceto per produrre acetati metallici tossici che sono stati ulteriormente trattati in quello che chiamavano ipoteticamente filosofo di pietre. Poiché non vi è più di un minerale metallico che sarebbe compatibile con il percorso di metallo acetato, c'era più di una pietra dei filosofi. C'erano altrettante diverse pietre come esistono tali minerali compatibili. Ogni "pietra" ha avuta relativo proprio spettro di colore secondo il tenore di minerale del minerale. Alcuni minerali potrebbero essere più difficile da abbattere in modo avrebbero potuto essere più compatibile con il percorso asciutto che ha cominciato con la tostatura. Sento che è importante da notare qui, anche se questa sezione non si tratta di tecniche o metodi tuttavia torrefazione dei minerali prodotto quello che venne chiamato il respiro velenoso del drago che uccide o uccide tutto sul suo cammino. Non provare uno qualsiasi di queste cose a casa, non respirare le esalazioni, non consumano sostanze. Questo libro è scritto solo a fini di riferimento storico e non è destinato a costituire consigli di qualsiasi tipo. Quindi teoricamente parlando ci potrebbe essere come molte pietre di diversi filosofi come ci sono minerali metallici compatibili con il percorso di metallo acetato. Gli alchimisti inventato tinture per molte cose come vetro, tessuti, piatti, piatti, bicchieri, calici, arazzi, e secondo la leggenda metalli come pietre preziose. Ogni pietra ha avuta relativo proprio spettro di colore come abbiamo accennato in precedenza. Un esempio di questo sarebbe rosso per ferro (Marte) mentre ferro e zolfo (pirite di ferro) è associato con il colore dell'oro. Secondo la credenza alchemica l'alchimista assistita natura nella creazione delle loro pietre, i materiali lavorati al momento sono stati scelti da spettro dei colori in base alle finalità di ogni singolo artista. (Che cosa intendevano utilizzare loro pietra per). E l'idea di base era che questi fornito colore per gemme alchemiche, come pure (amalgama) di trasmutazione dei metalli. Ci sono alcuni che credono che quando la natura crea pietre preziose all'interno della crosta terrestre che il colore deriva dal rotto giù o decomposto minerali metallici. Questo è interessante perché molti hard rock oro minatori credono che oro è spesso trovato in vene di Limonite in cui cristalli di pirite di ferro hanno decomposto. Allora forse i praticanti dell'antica scienza intendono seguire l'opera della natura nella creazione e/o colorazione metalli e gemme. Un'altra credenza era che tutte le cose discendono o evolvono verso oro nel tempo e questo è interessante quando guardo pyritized fossili. Soli di pirite, (il sole alchemico suona familiare qui) lumache di pirite, uova di pirite, ecc decomposto cristalli di pirite nelle vene di limonite, oro.

Alcune persone piacciono pensare della pietra come un cristallo di sale e per confrontare il lavoro alla coltivazione di cristallo di base.

Questo sembrerebbe per semplificare la questione.

5 IL PERCORSO BAGNATO GUALDUS

Trituration- To grind into a fine powder, as fine as the painters grind the colors. Credit- Theophrastus Paracelsus.

Il microcosmo sigillato dell'alchimista. Nella terminologia moderna questo potrebbe essere chiamato un ecosistema. La questione è stato macinato in polvere e collocato nella storta (una parte). L'aceto è stato aggiunto (due parti). Gli alchimisti voluto iniziare la grande opera in primavera e il progresso attraverso i mesi estivi secondo la natura, in modo che nessun calore esterno era necessario. Temperatura ambiente o luce solare per una distillazione solare. Come Flamel ha detto, il calore di un pollo da cova. Nei mesi invernali che alcuni alchimisti sepolto loro nave sotto la loro casa nel fango quando si utilizza il metodo di una nave, altri utilizzati sterco di cavallo fresco, ceneri calde, lisciva anche per mantenere il vetro caldo o vicino alla temperatura corporea. I lavori procedettero lentamente e, naturalmente, di dissoluzione, estrazione, sublimandone, circolazione, esaltando, distillazione. L'agente e il paziente, il volatile e il fisso.

Come materia nella storta disciolta l'aceto ha cominciato a rilasciare il naturale acido solforico nella pirite di ferro. Questo liquido incolore è stato chiamato il sangue del leone verde (solfuro di ferro) e delicatamente è stato distillato il timone con l'aceto bianco dalla mano della natura, alchimisti avvertito che il praticante imposta solo le condizioni adeguate, la natura fa il lavoro, senza l'imposizione delle mani. Nella storta si sono verificati i cambiamenti di colore, come il lavoro progredito. Nero, bianco, giallo, la coda di pavoni e rosso.

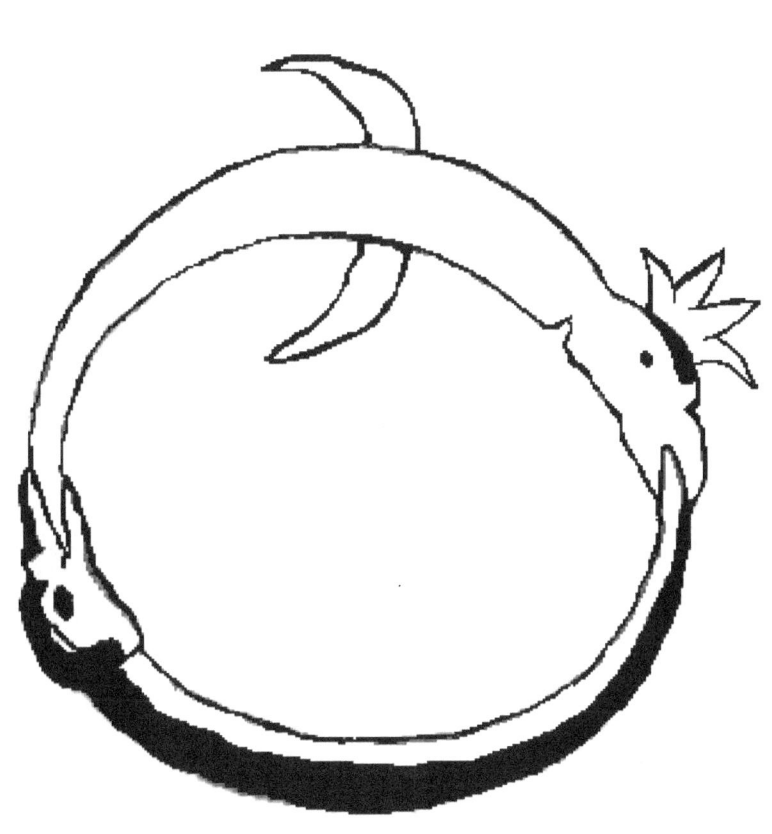

Che cosa significa il Ourobos, la pirite di ferro fisso nel recipiente sottostante, l'aceto volatile lasciando la questione e andando oltre il timone della storta, è in un cerchio perché torneremo più e più volte. Quando viene visualizzata la finestra di terraferma, (la pirite è asciutta) l'aceto in un recipiente è effuso indietro la pirite di ferro. Ogni volta che questo è successo completato uno girare della ruota alchemica. Con ogni ripetizione l'aceto prende più acido solforico dalla materia viene sciolta, questa moltiplicazione o esaltazione (circolazione) è stata continuata fino a quando tutto il "oro" (acido solforico) è andato oltre il timone. "mercurio" di sette aquile è stato detto di ondeggiare la luna (produrre la pietra bianca), "mercurio" di dieci aquile è stato detto di avere potere di calcinare il sole, (finitura esaltando la pirite nella pietra filosofale). Quando l'aceto aveva preso l'acido solforico il timone nel recipiente gli antichi alchimisti allora denominato "nostro aceto più forte", o "ben azionato mercurio".

Ad azionamento = attivato. Il liquido è diventato più forte o più potente con ogni giro della ruota alchemica. "Masterizzazione" o "calcinazione" la questione di "acqua" non a fuoco. Da qui il termine alchimisti bruciano con l'acqua non fuoco. Una calcinazione filosofica nel "percorso bagnato".

Questo Ourobos rappresenta il grande lavoro di sole e Luna, re e Regina, il volatile e il fisso.

Ogni circolazione presumibilmente esaltato ulteriormente la questione.

6 IL METODO SENDIVOGIUS

Una nave. Percorso bagnato.

La questione è stato macinato in polvere e collocato nel recipiente. È stato aggiunto l'aceto e la parte superiore rivestita con una copertura di polvere respirabile per evaporazione si verificano mantenendo gli insetti o polvere fuori. l'aceto scioglie, estratti e sublima la materia. In questo tipo di sublimazione alchemica la materia disciolta aumenta nel liquido e aderisce ai lati del vetro nella parte superiore, mentre le impurità cadono sul fondo del vaso. A secchezza la pirite di ferro è stato a contatto col prodotto nuovo con aceto fresco e questo processo ripetuto undici volte. La materia prima dei metalli (Flamels mercurial sublimato o la pietra bianca) ipoteticamente attaccato al vetro in primo luogo, nella imbibitions quest'ultimo che il sale fisso (alchemico seme d'oro) è stato finalmente rilasciato dal minerale ripartito. I due si mescolavano in acqua durante la imbibitions finale lasciando "pietra" del filosofo bloccato per le porzioni superiore del barattolo dove poteva essere raschiata dopo essere lasciato asciugare. Ci è stato detto di essere un altro passo dopo il sublimato mercurial o "latte di vergini" è stato raccolto e si chiamava incenerimento che era per "fissare" la materia e per eseguirne il rendering fusibile come la cera, affinché esso sarebbe sopportare il fuoco, e questo è stato fatto in calore. Ora cerchiamo di capire questo in parole Sendivogius dalla nuova luce chimica.

La materia prima dei metalli è duplice, e uno senza l'altro non può creare un metallo. Il principio primo e principale è l'umidità dell'aria che si mescolava con calore. Questa sostanza i saggi hanno chiamato Mercury, e nel mare filosofico è governata dai raggi del sole e della luna. Il secondo principio è il caldo secco della terra, che si chiama zolfo.

Il suo aspetto è quello di acque oleose aderendo a tutte le cose di pure e impure; ma in alcuni posti si trova più abbondantemente che negli altri perché la terra è più aperta e porosa in uno posto se non in un altro e ha una maggiore forza magnetica. Quando diventa manifesto, è vestita in un certo muterai, soprattutto in luoghi dove non ha nulla a cui aggrapparsi. È noto per il fatto che essa è composta di tre principi; ma, come una sostanza metallica è solo uno senza alcun segno visibile di congiunzione, eccetto ciò che può essere chiamato sua veste o ombra, di zolfo.

I metalli sono prodotti in questo modo: dopo i quattro elementi hanno proiettato il loro potere e virtù al centro della terra, essi sono, nelle mani di archeus (acqua) di natura quindi distillato e sublimato dal

calore della moto perpetuo verso la superficie della terra. Per la terra è poroso, e l'aria mediante distillazione attraverso i pori della terra viene risolta in un'acqua da cui vengono generate tutte le cose. Archeo è aceto).

L'artista separa solo ciò che è sottile da suoi elementi grosser e lo mette nel recipiente adeguato. La natura fa il resto. Fuori uno derivano due, e su due derivano uno.

INCENERIMENTO.

Il "latte di vergini" che è espressa dalla parte migliore della pietra viene poi accuratamente conservato in un distillazione vaso in vetro di forma ovale e giorno dopo giorno è meravigliosamente cambiato dal fuoco accelerazione.

Credito, Michael Sendivogius.

Questo conclude il percorso bagnato Sendivogius.

7 IL PERCORSO ASCIUTTO DI FLAMEL

Nel percorso bagnato dell'alchimia che abbiamo già esaminato l'alchimista cucinato prima loro "fuoco" nel loro "acqua" e poi più tardi arrostito la materia che si chiamava incenerimento. Il percorso asciutto dell'alchimia è la stessa, tuttavia i passaggi erano semplicemente invertiti ed e ' stato anche detto di essere molto più veloce. Il percorso asciutto è stato creduto di essere più pericoloso poiché l'alchimista era torrefazione loro minerali, mentre il metodo è più umido prodotto presumibilmente un prodotto finale migliore. Durante la torrefazione del minerale, il colore cambia, si è verificato mostrando tutti i colori dei pavoni coda tra cui quella che si chiamava bagnata nella gloria viola e il fuoco è stato continuato fino a quando è stato raggiunto il finale rosso fisso di "zolfo incombustibile". Il fuoco ha analizzato la questione e bruciato via le impurità del combustibile. Ciò ha provocato il leone rosso che è stato poi ulteriormente trasformato inserendola nella storta proprio come il metodo Gualdus e quindi procedendo verso la imbibitions con l'aceto. L'antico alchimista di poi proceduto con le moltiplicazioni o circolazioni fino all'esaltazione della materia era completa. Theophrastus Paracelsus ha preferito l'alambicco per magnum opus alchemico (metodi bagnati o asciutti). Così per semplificare questo, il percorso asciutto era lo stesso come il percorso bagnato tranne la questione fu accuratamente arrostita in primo luogo. Durante le circolazioni riappaiono i cambiamenti di colore. Flamel ha scritto circa il giorno che ha finalmente raggiunto la padronanza, era conosciuto da un certo odore che ha riempito tutta la casa che era simile a quella di caprifoglio in primavera.
"Unire l'uomo rosso, alla moglie bianca".
Nicholas Flamel credeva di aver scoperto i segreti dell'alchimia dopo una vita di studio diligente, è anche stato detto che anche con la conoscenza segreta rimase un umile libraio ed è stato conosciuto per donare grandi somme in beneficenza tra cui chiese, ospedali, e

alloggiamento per i senzatetto. La sua tomba è stata dice sono stati trovati vuoti.

8 TRASMUTAZIONE METALLICA

Metallico trasmutazione dei metalli è stato previsto dai ricercatori per secoli. Alcuni hanno riflettuto fusione nucleare mentre altri hanno considerato la fusione fredda. Gli scienziati hanno ipotizzato che lo zolfo elementare è il nucleo dell'atomo d'oro, alcuni hanno espresso la loro opinione che quando i metalli sono prodotte naturalmente nel attivo lava scorre otto volte più oro potrebbe essere prodotto se lo zolfo è presente nell'equazione. Gli antichi alchimisti sperimentarono con l'idea di abbattere i metalli per estrarre loro sale e zolfo principi utilizzando filosofico "mercurio" (aceto). Una teoria è che forse questi principi di sale e zolfo dovevano essere iscritti o fuse insieme per creare una pietra. Credo che la trasmutazione è vecchia terminologia e che in questa epoca moderna ci potremmo semplificare la questione definendola amalgamazione. In metallurgia primitiva potassa è stata usata come un agente fondente per purificare metalli anche per quanto riguarda la fusione. Cenere di legno è stata calcinata e macinata in polvere. Questo materiale è stato mescolato con minerali metallici nei crogioli e fuso prima di essere versato in stampi e lasciato raffreddare. Il pezzo risultante di metallo è stato poi buttato sciolto dallo stampo e la scoria scheggiato via. Questo processo è stato creduto per pulire il metallo separando le impurità in potassa che solidificato sulla parte superiore. Questo sembra essere la base che conducono all'invenzione di acciaio (una forma eminente di ferro). Una volta che il metallo è stato purificato delle sue impurità era pronto per amalgama durante la quale più del flusso potrebbero essere aggiunte. La mia comprensione è che il metallo sarebbe hanno quindi stato fonduto nuovamente in un crogiolo con l'agente fondente su fuoco a legna, quindi la massa fusa mescolato con verga di ferro mentre sistemava la "pietra" nel mix. L'agitazione continuata fino a quando l'effetto desiderato è stato raggiunto e poi versato in stampi e lasciato raffreddare solitamente sotto forma di barre. Trattino piccolo sono stati graffiati nel terreno per servire come stampi improvvisati e l'amalgama risultante sono stati denominati bar dito. Questi erano piccoli come un dito barre metalliche e da qui il nome.

L'athanor era il forno degli alchimisti. Anche le ceneri erano utili per scopi diversi, come abbiamo visto in questo libro.

9 PIETRE PREZIOSE ALCHEMICHE

Nelle mie opere alchemiche o studi ho iniziato a sperimentare nella calcinazione di legno di quercia. Ho un legno posto fuoco che brucia in cui cerco di usare solo il legno in modo che le mie ceneri sono liberi da contaminanti. L'ultimo incendio fosse andato lungo e scavato fuori alcune delle ceneri rovere carbonizzate. Ho messo questo materiale in vasi di muratore con coperchi di tenerlo pulito per i miei studi. Ho acquistato una nuova casseruola con coperchio per circa quindici dollari al mio negozio locale e quindi I alcuni della cenere polvere finissima a terra in uno dei miei vetro mortaio e pestelli. Ho messo questo materiale nel piatto e cotto nel mio forno per un paio d'ore a circa 300 o più gradi. Ho spento il forno e siamo andati a letto. Un paio di giorni più tardi l'ho cotto per un altro paio d'ore, ho ripetuto questa procedura un paio di volte e il calore è aumentato ogni volta fino a quando io stavo cottura a temperatura più alta che renderebbe il mio forno a gas naturale. Un paio d'ore qui, un paio d'ore, aumentando il calore. Un giorno ho rimosso il coperchio raffreddato per vedere quello che avevo, mi aspettavo di vedere luce grigi cenere ben calcinati... Tuttavia quando ho raccolto prima le mie ceneri alcuni di loro erano neri blocchi di legno carbonizzato, che io avevo macinato ad una polvere fine, ora ho ancora una volta avuto alcuni pezzi di nero cercando materiale come aveva rinviato alla condizione fosse stato in prima di esso è stato macinato in polvere... interessante. C'era una differenza, tuttavia, questi pezzi erano a forma di quadrati e rettangoli e mi ha ricordato di pietre di grande taglio gemma a causa delle dimensioni e forme tuttavia sembravano grumi neri carbonizzati. Ho deciso vorrei macinare il questi ancora dentro il mio mortaio e pestello, erano molto e voglio dire molto, è difficile rompere. Ho temuto che mio mortaio e pestello romperebbe prima tuttavia sono finalmente riuscito a rompere uno dei pezzi che era molto più difficile rispetto al legno. Ho iniziato a contemplare, ceneri, carbonizzati, di legno, carbone, carbonio, calore... e poi ha albeggiato su me. Gli antichi alchimisti erano dice di avere la capacità di creare grandi gemme di squisita bellezza. E poi in quel momento che aveva un senso perfetto come avevano fatto la scoperta, così semplice, per caso davvero. In questo studio della natura i segreti solo sembrano cadere nel possesso del pursuer diligente. Una semplice scoperta. Gli scritti di Theophrastus Paracelsus offrono uno spaccato anche la colorazione delle pietre alchemiche. Bhasmas metallici, estratti da minerali metallici, sì le pietre di filosofi dalle caverne dei metalli ed esaltato dalle mani degli uomini. Che pervade con colore, bella tonalità di blu, verde, azul, fuoco come quella dell'oro impartita in pietra chiara che ricorda me di topazio, la brillantezza del diamante, il bel rosso del rubino tinto di ferro (Flamels Dio della guerra) e l'eleganza pura dello Smeraldo. Gli antichi erano anche creduti di avere la capacità di sciogliere le perle con l'intento di utilizzare la tintura risultante per creare più grandi o più preziose perle. Qui è un po' il goody che ho trovato nella mia ricerca che si inserisce bene qui. La Regina dell'Egitto Cleopatra è stato detto di avere sciolto perle in aceto prima di consumare una porzione di tintura risultante che credeva di avere qualità medicinali o qualche tipo di salute particolarmente. Questo dà una buona parte qui di come gli antichi potrebbero avere iniziato un lavoro di creazione di perle alchemici.

10 TEORIA DEL VIAGGIO NEL TEMPO

Il tempo è misurato come la terra ruota sul proprio asse. Un giro equivale sostanzialmente a 24 ore o un giorno. Come in questo caso che la terra ruota anche intorno al sole che è il centro del nostro universo in senso antiorario. In questo modo il tempo va avanti. In un anno luce può viaggiare circa 6 trilioni di miglia che è uguale a un anno luce. Terra di anni e anni luce sono misurate in modo diverso e quindi per viaggiare nello spazio è quello di viaggiare nel tempo. Poiché la terra ruota contatore in senso orario, se un mestiere o un "oggetto" era la terra nella stessa direzione viaggiando alla velocità della luce sarebbe teoricamente essere in viaggio verso il futuro. Se l'imbarcazione dovessero invertire direzione questo sarebbe considerato che viaggiano indietro nel passato. Un altro punto interessante da considerare è che a volte aerei volano da un fuso orario a altro, Immaginate di uscire stasera e ora che siamo arrivati ieri mattina, moltiplicano per oltre cento milioni di volte aumentando la velocità.

Steven e Belle.

MATHEW 5:13

13 voi siete il sale della terra: ma se il sale ha perso il suo sapore, con cui deve esso essere salato? da allora in poi è buono a nulla, ma ad essere gettato via e ad essere calpestato sotto i piedi degli uomini.

14 voi siete la luce del mondo. Una città che sorge su una collina non può essere nascosta.

15 né fanno uomini Accendi una candela e metterla sotto il moggio, ma su un candeliere; e dà luce a tutti quelli che sono nella casa.

La tomba di Nicholas Flamel è stata contrassegnata con strani simboli alchemici che persone non riusciva a capire, e si trattava di un sole, sopra un tasto, sopra un libro. Il sole rappresenta il sole alchemico, un sole di pirite cristalli di pirite di ferro. L'aceto bianco chiave rappresenta e il libro, è il libro di Abraham Eleazer.

CIRCA L'AUTORE

Alcuni hanno chiesto la domanda, se scoperto la conoscenza dell'alchimia perché condividerlo con il mondo e non solo di tenerlo per te?

Proverbi 03:16
Beato è colui che trova la saggezza;
Per lei è più preziosa di perle;
E niente che desideri Confronta con lei;
Lunghezza di giorni è nella sua mano destra;
E nella sua mano sinistra sono ricchezze e onore;
Tutti i suoi modi sono piacevoli;
E tutti i suoi sentieri sono pace;
Ecco, Dianna svelato.

S.A.S. 2016.

www.howtomakethephilosophersstone.com

www.ingramcontent.com/pod-product-compliance
Lightning Source LLC
Chambersburg PA
CBHW021449170526
45164CB00001B/446